**Bibliografische Information der Deutschen Nationalbibliothek:**

Die Deutsche Bibliothek verzeichnet diese Publikation in der Deutschen Nationalbibliografie; detaillierte bibliografische Daten sind im Internet über http://dnb.d-nb.de/ abrufbar.



**Impressum:**


Druck und Bindung: Books on Demand GmbH, Norderstedt Germany
ISBN: 978-3-668-06506-2

**Dieses Buch bei GRIN:**

http://www.grin.com/de/e-book/308031/carbon-lock-in-im-amazonasgebiet-das-isolierte-energiesystem-in-brasilien

**Robert Patzig**

# Carbon Lock-in im Amazonasgebiet? Das isolierte Energiesystem in Brasilien und die Erdöl-Abhängigkeit. Welche Alternative ist denkbar?

GRIN Verlag

**GRIN - Your knowledge has value**

Der GRIN Verlag publiziert seit 1998 wissenschaftliche Arbeiten von Studenten, Hochschullehrern und anderen Akademikern als eBook und gedrucktes Buch. Die Verlagswebsite www.grin.com ist die ideale Plattform zur Veröffentlichung von Hausarbeiten, Abschlussarbeiten, wissenschaftlichen Aufsätzen, Dissertationen und Fachbüchern.

**Bachelorarbeit**

# „ Carbon lock-in im Amazonasgebiet?

# Das isolierte Energiesystem in Brasilien und die Erdöl-Abhängigkeit.

# Welche Alternative ist denkbar? “

Robert Patzig

11.09.2012

Universität Leipzig
Institut für Infrastruktur und Ressourcenmanagement
Lehrstuhl für Energiemanagement und Nachhaltigkeit

# Inhaltsverzeichnis

## Abbildungsverzeichnis

## Tabellenverzeichnis

## Abkürzungsverzeichnis

| | |
|---|---|
| Mrd. | Milliarden |
| Mio. | Millionen |
| CCC-ISOL | Conta de consumo de combustiveis dos sistemas isolados |

## Symbolverzeichnis

| | |
|---|---|
| € | Euro |
| US-$ | US- Dollar |
| R$ | Brasilianischer Real |
| $m^2$ | Quadratmeter |
| $km^2$ | Quadratkilometer |
| kW | Kilowatt |
| MW | Megawatt |
| Wh | Wattstunde |
| kWh | Kilowattstunde |
| MWh | Megawattstunde |
| TWh | Terawattstunde |

## Kurzfassung

In der vorliegenden Bachelorarbeit wird der Carbon lock-in Effekt im brasilianischen Amazonasgebiet behandelt. Das Amazonasgebiet und im speziellen Fall die Region Marajó, ist eine einkommensschwache, ländliche und dünn besiedelte Region in einem aufstrebenden, von Wirtschaftswachstum getriebenen Land. Diese Region ist in Bezug auf die Energieversorgung weitgehend isoliert und, trotz guter geographischer Potentiale für erneuerbare Energien, stark vom endlichen Rohstoff Erdöl abhängig. Die Kuriosität dabei ist, dass dieser über viele hunderte und tausende Kilometer transportiert werden muss, um in den thermischen Kraftwerken der isolierten Systeme genutzt zu werden. Diese ineffiziente Nutzung wird in der vorliegenden Arbeit ebenso wie verschiedene Einflussfaktoren genannt, die zu dieser Erdölnutzung beitragen. Im Zentrum der Arbeit steht dann eine Analyse zur Problematik des Carbon lock-in in der Region Marajó. Darüber hinaus ist von Bedeutung, ob eine Änderung dieser historisch gewachsenen Situation sinnvoll und praktikabel ist. In diesem Kontext wird weiterhin thematisiert, ob ein De-Locking durch die Alternativen der Photovoltaik- und Windenergienutzung vor Ort möglich ist.

# 1. Einleitung

"Ordem e progresso"

Ordnung und Fortschritt lautet die Inschrift der brasilianischen Nationalflagge.

Brasilien ist ein Land, welches sich auf dem Weg vom Schwellenland hin zum Industrieland befindet. Die wirtschaftliche Entwicklung, gemessen am Bruttoinlandsprodukt, der vergangenen Jahre und Jahrzehnte war positiv[1], weshalb die ökonomische und politische Bedeutung Brasiliens weltweit zunimmt. Das deutsche Auswärtige Amt legt in seiner aktuellen Einschätzung dar, dass Wachstumsimpulse infolge der Fußball Weltmeisterschaft 2014, der Olympischen Spiele 2016 sowie der Erschließung neu entdeckter Rohöl- und Erdgasvorkommen zu erwarten sind. Durch die sportlichen Höhepunkte seien Investitionen geplant, welche in Rio de Janeiro bis zum Jahr 2014 auf ca. 88 Mrd. R$ geschätzt würden.[2]

Um mit dieser Entwicklung Schritt zu halten gilt es neue Probleme zu bewältigen, die aber auch die Chance zukunftsorientierter Investitionen bieten. Dies sollte in einem Schwellenland einfacher zu erreichen sein, als in den meisten entwickelten Industrieländern, da deren Energie-Infrastruktur bereits voll ausgebaut ist und diese somit vielmals älteren Technologien verhaftet sind. Dadurch besteht für die Entwicklungsländer die Möglichkeit den Status der Industriestaaten hinsichtlich klimafreundlicher Technologien und Infrastrukturen hinter sich zu lassen.[3] [4]

In diesem Kontext ist auch das Wort „Fortschritt" aus der Inschrift der brasilianischen Nationalflagge konkret unterlegt. Im Gegensatz dazu entspricht die „Ordnung" in Brasilien augenscheinlich noch nicht den Standards entwickelter Industrieländer, wie beispielsweise die Kriminalitätsrate[5] verdeutlicht. Für eine weitere positive wirtschaftliche Entwicklung[6] wird

[1] Vgl. The World Bank 2012
[2] Vgl. Auswärtiges Amt 2012a
[3] Vgl. Unruh und Carrillo-Hermosilla 2006, S.1186
[4] Vgl. Ebd.: Die zukünftige Entwicklung der Energiestruktur der Entwicklungsländer ist ein wichtiges Thema, da aufgrund einiger Prognosen mind. 70% des zukünftigen Weltenergiebedarfs in den Entwicklungsländern erwartet wird.
[5] Vgl. Auswärtiges Amt 2012b: „Überfälle und Gewaltverbrechen sind in Brasilien leider nirgends völlig auszuschließen. Besonders Großstädte wie Belém, Recife, Salvador, Rio de Janeiro und São Paulo weisen hohe Kriminalitätsraten auf (Eigentumsdelikte, Gewaltverbrechen, Entführungen; siehe auch Allgemeine Reiseinformationen). Grundsätzlich ist Vorsicht angebracht, auch in als sicher geltenden Landes- oder

nun auch von entscheidender Bedeutung sein, ob die staatlichen Strukturen und die Organisation des größten Landes Südamerikas ein adäquates Klima für Zukunftsinvestitionen schaffen können. Dabei gehört es auch dazu die sozialen Ungleichgewichte, speziell was die Bevölkerung im Amazonasgebiet betrifft, in Zukunft möglichst gering zu halten. In den letzten Jahren gab es dabei bereits Fortschritte, so haben z.B. zwölf Millionen Brasilianer Zugang zu Elektrizität erhalten, sodass dieser nun nahezu überall existiert.[7] Dennoch sind weitere Schritte zur Armutsbekämpfung notwendig.

Zum Stand der Forschung ist zu sagen, dass insbesondere Gregory C. Unruh den Begriff des Carbon lock-in vielfach wissenschaftlich beschrieben hat. Eine Projektion auf die Problematik in den isolierten Energiesystemen des brasilianischen Amazonasgebietes ist jedoch bislang noch nicht erfolgt.

Ziel dieser Arbeit ist eine Analyse der Erdölabhängigkeit in den isolierten Systemen des Nordens Brasiliens, mit besonderem Fokus auf die Region Marájo. Zudem werden anhand ökologischer, ökonomischer und sozialer Gesichtspunkte Abwägungen für Alternativen zur derzeit vorherrschenden Erdölverwendung getroffen. In diesem Zusammenhang werden insbesondere die Möglichkeiten der Photovoltaik und der Windenergie (on-shore) genauer betrachtet.

## 2. Begriffserläuterung

Um zum wesentlichen Teil dieser Arbeit hinzuführen, erscheint es sinnvoll vorab bereits auf drei wesentliche Begrifflichkeiten genauer einzugehen. Dabei handelt es sich zum einen um den allgemeinen Lock-in Effekt[8] und zum anderen um den Carbon lock-in Effekt. Letzterer ist ein spezifischer Lock-in Effekt und leitet konkreter zum Thema der Arbeit hin. Als dritte Begrifflichkeit wird auf ein Aufbrechen eines Lock-in Effektes, ein sogenanntes De-Locking, eingegangen.

---

Stadtteilen. Besonders betroffen sind Elendsviertel (Favelas). Von Favela-Besuchen wird dringend abgeraten. Diese Gebiete werden teilweise von Kriminellen kontrolliert. Bewaffneten Auseinandersetzungen, auch mit der Polizei, fallen häufig auch Unbeteiligte zum Opfer."

[6] Vgl. Pereira et al. 2012, S.2: „Dem "The Economist" zufolge wird erwartet, dass die brasilianische Ökonomie von der 9. zur fünftgrößten der Welt bis 2025 aufsteigt."

[7] Ebd.

[8] Auch "Einschlusseffekt" genannt

## 2.1. Lock-in

Unter einem Lock-in Effekt ist ein Verriegelungseffekt, welcher auf einer Pfadabhängigkeit basiert, zu verstehen. Diese Pfadabhängigkeit stellt einen vergangenheitsdeterminierten, kontinuierlichen Prozess dar, doch dieser Zustand kommt trotz seiner Unterlegenheit gegenüber Alternativen nicht zum Erliegen. Dies war in der Vergangenheit vor allem bei der Entstehung technischer Standards zu beobachten.

Ein Beispiel dafür ist der englische Tastaturen-Standard "QWERTY". Dieser regelt die Buchstaben-Anordnung der Schreibmaschine und wurde nach seiner Erfindung in der zweiten Hälfte des 19. Jahrhunderts zum dominierenden Standard. Durch "historische Zufälligkeiten"[9] kam es zu dieser Pfadabhängigkeit zugunsten des "QWERTY" –Standards, denn grundsätzlich wäre auch eine völlig andere Anordnung der Buchstaben möglich gewesen.

Der Lock-in Effekt ist in diesem Beispiel damit zu erklären, dass sich sowohl Benutzer, Hersteller, potentielle Arbeitgeber als auch Schulen, welche das Maschinenschreiben ihren Schülern erlernen, auf diesen Standard eingestellt haben. Es wurden beispielsweise Produktionsmittel und Lehrmaterialien angeschafft. Davon nun abzuweichen, da vielleicht durch neue Erkenntnisse[10] eine schnellere oder schonendere Buchstaben- Anordnung der Tastaturen verfügbar ist, stellt alle beteiligten Gruppen vor Probleme, da mit einer Änderung vielfältige Kosten verbunden wären. Darunter kann man sich z.B. Anschaffungskosten neuer Technik und neuer Materialien oder Schulungskosten des Lehrpersonals vorstellen.

Darauf wird verzichtet und in der Folge der einmal geschaffene und ineffizient gewordene Standard weiter fortgeführt und verstetigt. Es kann festgestellt werden, dass eine einmal getroffene Festlegung dazu führt, dass sich die Nutzerzahl erhöht und damit auch die Attraktivität der Technologie steigt.[11] Somit determiniert die Vergangenheit zu einem gewissen Grad die Zukunft[12].

---

[9] Vgl. Werle 2007, S.119

[10] Vgl. Unruh 2002, S. 321: „Ein häufig zitiertes Beispiel stammt von David (1985), welcher argumentiert, dass eine Zeitersparnis von 20 - 30% unzureichend war, um zu einem Wechsel von QWERTY zu Dvorak-Tastaturen zu führen."

[11] Vgl. Werle 2007, S.120

[12] Vgl. Ebd.

Desweiteren erhöhen “[s]owohl zunehmende Skalenerträge als auch positive Rückkopplungen […] den Nutzen einer Technologie in selbstverstärkender Weise und verhindern damit ein Abweichen vom einmal eingeschlagenen Entwicklungspfad.“[13]

Neben Technologien werden auch für Verhaltensmuster Lock-ins und Pfadabhängigkeiten beobachtet. Beispiele dafür sind „[…] das Rechtsfahren im Autoverkehr, der Gebrauch einer Währung oder das Sprechen einer Sprache.“[14] Am Beispiel der Sprache kann man feststellen, dass diese in ihren Grundzügen über einen langen Zeitraum relativ konstant bleibt. Es fallen zwar im Laufe der Zeit Wörter weg oder es kommen neue hinzu, aber im Hinblick auf die Komplexität einer Sprache ist dies doch als vergleichsweise sehr geringe Veränderung wahrzunehmen.[15]

Oftmals ist in vielen Entscheidungsprozessen auch der Staat direkt oder durch staatliche Beteiligungen an Unternehmen indirekt beteiligt. Es zeigt sich, dass dieser sich äußerst starr verhält und somit Lock-in Situationen begünstigt. Eine „Veränderungsresistenz im Sinne eines vollständigen Lock-in ist äußerst selten, jedoch weisen die Institutionen eine hohe Stabilität auf, wandeln sich also nur graduell in ihren Entscheidungen.“[16]

## 2.2. Carbon lock-in

Um nun dem Titel dieser Arbeit entsprechend den Carbon lock-in Effekt im Amazonasgebiet zu untersuchen, so ist es notwendig diesen Begriff näher zu erläutern.

Der Begriff Carbon lock-in basiert auf dem vorangegangen bereits beschriebenen Begriff des Lock-in Effektes und ist durch die technologische und institutionelle Pfadabhängigkeit der Industriestaaten in fossile Treibstoffe entstanden.[17] Der Prozess wurde durch das Bestreben steigende Skalenerträge zu erzielen, getrieben.[18]

Um das Phänomen des Carbon lock-in zu verstehen, erscheint es sinnvoll sich die systematischen Beziehungen von Technologien und Institutionen anzuschauen. So ist etwa

[13] Vgl. Werle 2007, S.121
[14] Vgl. Ebd., S.122
[15] Vgl. Ebd.
[16] Vgl. Ebd., S.122f.
[17] Vgl. Unruh 2000, S.817
[18] Vgl. Ebd.

der Sektor der Stromerzeugung ein komplexes System mit einer engen Verknüpfung von staatlichen und privaten Teilnehmern.

Dabei bedingen sich Technologien, Organisationen und Institutionen[19] gegenseitig. Ist dieses Lock-in einmal entstanden, so ist es sehr schwer, dieses aufzubrechen und es bleibt in der Regel für eine lange Zeit bestehen und grenzt alternative Technologien aus.

Infolgedessen entsteht eine Abhängigkeit untereinander, was dazu führt, dass über einen längeren Zeitraum dieser Pfad nicht verlassen wird und somit konkurrierende Technologien einen sogenannten Lock-out erfahren, also ausgeschlossen oder von der Entwicklung abgekoppelt werden.[20] Dies ist aus verschiedenen Gründen nicht wünschenswert, da dadurch die Vorteile überlegener Technologien in ökonomischer und/oder ökologischer Sicht nicht oder zumindest nicht vollständig genutzt werden. Es besteht die reelle Gefahr für langfristige, negative Wachstums-Effekte in einer Ökonomie.

In besonderen Fällen, wie beispielsweise bei der Erdöl-Abhängigkeit, ist der Lock-in mit einem endlichen Rohstoff verknüpft. Da über die Erdölverfügbarkeit in den nächsten Dekaden keine sicheren Voraussagen gemacht werden können, kann dieser Carbon lock-in Effekt dazu führen, dass im „Gutglauben" an die Verfügbarkeit dieser endlichen Ressource der Pfad eine lange Zeit nicht verlassen wird, bis ein Schock dazu führt, eine Unabhängigkeit erreichen zu müssen. Durch ein früheres Verlassen des Pfades, ein sogenanntes De-Locking, in diesem Fall also eine frühzeitige Abkopplung der Wirtschaft, des Transportes und der Stromversorgung vom Rohstoff Erdöl, kann dies vermieden oder abgemildert werden.

Wie bereits in der Einleitung beschrieben, haben Entwicklungsländer einen Vorteil gegenüber Industrieländern, einen Carbon lock-in zu verhindern. Da sie noch nicht über eine historisch gewachsene, hoch entwickelte Energie-Infrastruktur verfügen, erscheint es für diese einfacher einen Entwicklungssprung zu machen.[21] Aber das vermeintliche Risiko einen neuen Weg zu gehen, wird in den Entwicklungsländern im Hinblick auf möglichst schnelles Wachstum gemieden. Stattdessen vertraut man auf sich bereits etablierte Technologien und auf bewährte Prozesse der Industrieländer, die schließlich als Vorbilder fungieren.[22]

---

[19] Vgl. Unruh 2000, S.817
[20] Vgl. Ebd., S.818
[21] Vgl. Unruh und Carrillo-Hermosilla 2006, S.1186
[22] Vgl. Ebd., S.1188

Es ist ein Verhalten zu beobachten, indem sich wider besseren Wissens oder besserer Alternativen, die Akteure schützend vor traditionelle Technologien stellen. So würde man z.B. rational handelnden Akteuren unterstellen, dass eine fehlgeleitete, ineffiziente Subventionierung durch staatliches Wirken verhindert wird. Doch anstelle einer Korrektur dieser fehlerhaften Politiken werden Fehlanreize durch Subventionierung und die Politik der Regierungen verstärkt.[23]

In diesem Kontext ist auch die Verknüpfung des systemischen Zustandes mit der Klimadebatte von enormer Bedeutung. Denn global gesehen stehen gerade in Bezug auf $CO_2$ Klimaschutzziele gewaltige Aufgaben bevor. Vor dem Hintergrund der wachsenden Welt-Bevölkerung auf 8-10 Milliarden Menschen ist es dringend erforderlich, bereits vorhandene Technologien zu nutzen, welche eine signifikante $CO_2$ Reduktion versprechen[24] und kostenneutral oder sogar kostengünstiger sind.[25]

Es bleibt festzuhalten, dass ein Carbon lock-in ein persistenter Zustand ist, welcher systematische Markt- und Politikbarrieren gegenüber Alternativen aufbaut. Und kohlenstoffarme Technologien trotz ihrer scheinbaren ökologischen und wirtschaftlichen Vorteile in deren Entwicklung massiv hemmt.[26]

## 2.3. De-Locking

Ein sogenanntes De-Locking, damit ist ein Aufbrechen dieser bereits beschriebenen Lock-in Situation aufgrund einer Pfadabhängigkeit gemeint, ist nur selten ohne externe Schocks möglich. „In vielen Ländern wird daher die Verbreitung innovativer Energietechnologien stark subventioniert, einerseits um einen selbsterhaltenden Diffusionsprozess in Gang zu bringen bzw. zu beschleunigen und andererseits um Lock-in-Situationen zu überwinden.“[27]

Einem „Lock-in kann also am ehesten durch gezielte Nischenpolitik begegnet werden.“[28] Dies bedeutet, dass mögliche, aussichtsreiche Alternativen frühzeitig gestärkt werden. Im Energiesektor kann dabei als Beispiel eine sinnvolle Subventionierung regenerativer

---

[23] Vgl. Unruh 2000, S.817
[24] Vgl. Unruh 2002, S.318
[25] Vgl. Unruh 2000, S.817
[26] Vgl. Ebd., S.818
[27] Vgl. Madlener 2006, S.35
[28] Vgl. Ebd., S.33

Energietechnologien dienen. Ist eine neue Technologie zu Beginn der Entwicklung erst in Folge einer geeigneten Subventionierung marktfähig, so kann diese durch Lerneffekte[29] zu einer echten, selbst tragenden Alternative zu den bisher „gelockten" Technologien werden und nach Möglichkeit einige Jahre später auch ohne Subventionierung konkurrenzfähig sein. Dies hätte gegebenenfalls ein De-Locking der bestehenden Energieträger zur Folge.

Ein Beispiel für ein De-Locking zeigt sich derzeit in der Mobilfunkbranche. Seit sich Handys in unserem alltäglichen Leben etabliert haben, sind den Verbrauchern mehrere namhafte Hersteller bekannt. Der Produkt-Lebenszyklus dieser Geräte beträgt jedoch oftmals nicht wesentlich mehr als zwei Jahre[30]. Da nun nahezu jeder Handyhersteller ein eigenes Ladegerät entwickelt hat, sind diese nicht mit Handys anderer Hersteller kompatibel. In der Folge wird mit fast jedem Handykauf ein neues Ladegerät nötig. Dies erscheint weder ökonomisch noch ökologisch sinnvoll. In der Folge war dies Gegenstand der Betrachtung der EU-Kommission.[31] Daher wird es in Zukunft ein Universal-Ladegerät geben. Der Lock-in – Effekt, indem jeder Verbraucher unmittelbar an das spezifische Ladegerät des jeweiligen Handy-Herstellers gebunden ist, wird somit künftig unterbrochen. Es entstehen durch dieses De-Locking viele Vorteile: zum einen hat der Verbraucher geringere Anschaffungskosten, zum anderen wird auch der Umweltaspekt, durch eine Verringerung von Elektroschrott, berücksichtigt.

Dieses Beispiel soll illustrieren, dass ein De-Locking viele positive Effekte erzielen kann. Dennoch ist der Weg dahin nicht schnell und unproblematisch, da verschiedene Interessen – wie im Abschnitt zur Entstehung des Lock-in beschrieben – auf diese Pfadabhängigkeit einwirken, sie somit verstetigen und großes Interesse an der Beibehaltung besitzen.

Wie in diesem Fall besteht das Problem darin, dass es oftmals nur einer unabhängigen, staatlichen oder supranationalen[32] Organisation per Gesetz möglich ist, das komplexe System eines Lock-in aufzubrechen.

---

[29] Vgl. Werle 2007, S.121 „Lerneffekt: Nutzungserfahrungen verbessern den Umgang mit einer Technik und erhöhen so ihre Leistungsfähigkeit."
[30] Vgl. Porzelt 2012
[31] Vgl. Europäische Kommission 2012
[32] Oder auch: überstaatlichen

# 3. Kurzüberblick Energiesystem Brasiliens

Im folgenden Kapitel 3 wird nun das Energiesystem Brasiliens und im speziellen Fall das Energiesystem in der Untersuchungsregion Marajó kurz vorgestellt.

## 3.1. Energiesystem Brasiliens

Brasilien ist mit 191 Mio. Einwohnern und etwa 8,5 Mio. km² Fläche[33] das größte und bevölkerungsreichste Land Lateinamerikas sowie das fünftgrößte Land der Welt.[34] Es wird demokratisch regiert und pflegt freundschaftliche Beziehungen zu seinen Nachbarländern.[35]

Das Energiesystem in Brasilien besteht aus zwei Teilsystemen. Zum einen die isolierten Systeme im Norden des Landes und zum anderen das nationale Energiesystem. Im Gebiet des nationalen Energiesystems, unter anderem mit der Hauptstadt Brasilia und den Großstädten Sao Paulo und Rio de Janeiro, leben etwa 185 Millionen Menschen[36].

Das Amazonasgebiet liegt im Norden des Landes und ist mit 45% der brasilianischen Landesfläche und den sieben Staaten: Acre (AC), Amazonas (AM), Pará (PA), Amapa (AP), Rondonia (RO), Roraima (RR) und Mato Grosso (MT) vorrangig ländlich geprägt. Die Bevölkerung macht nur 3% der Gesamtbevölkerung Brasiliens aus und konsumiert 3,4% der gesamten Stromerzeugung Brasiliens.[37]

In Abbildung 1 sind die deutlichen Unterschiede beider Systeme in Bezug auf den Energienetzausbau dargestellt. Während die Regionen im Osten und Süden eine vergleichsweise hohe Netzdichte aufweisen, ist das Amazonasgebiet nur sehr geringfügig an ein überregionales Stromnetz angeschlossen.

---

[33] Vgl. Pereira et al. 2012, S.2
[34] Vgl. Helmke 2009, S.10
[35] Vgl. Pereira et al. 2012, S.2
[36] Vgl. Weinsziehr 2011, S.24 Schlussfolgerung: 97% x 191 Mio. Einwohner = 185,27 Mio. Einwohner
[37] Vgl. Ebd.

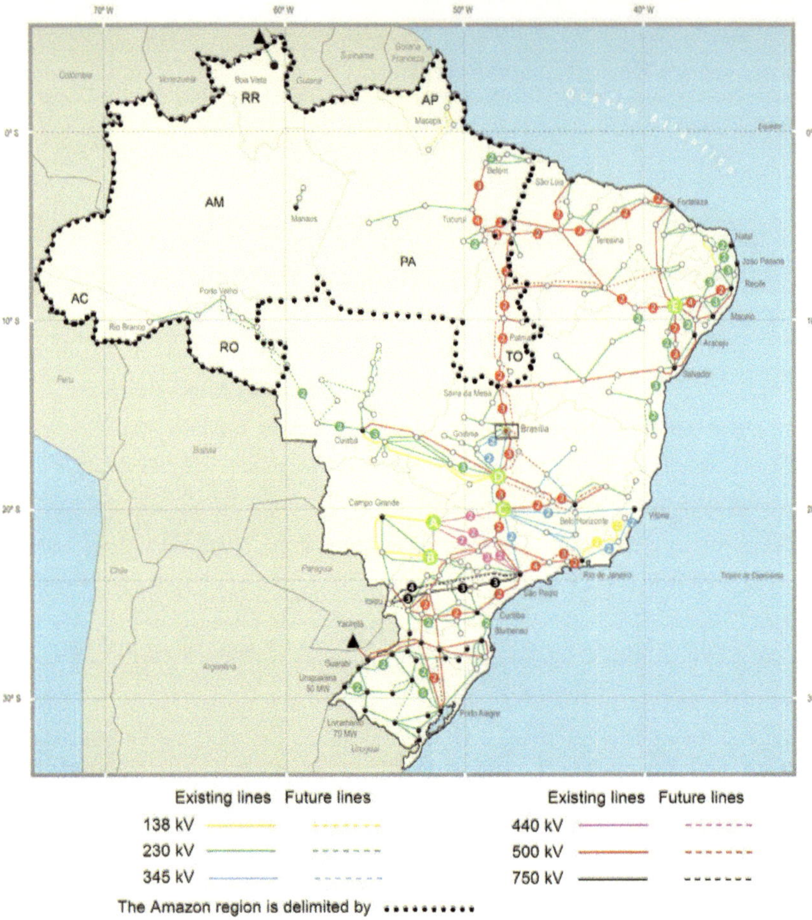


**Abbildung 1: Brasilianisches Übertragungsnetz[38]**

## 3.2. Die isolierten Systeme

Die isolierten Energiesysteme im Norden und Nordwesten des Landes sind vorrangig ländlich geprägt. Die Systeme werden in drei Kategorien unterschieden: Landeshauptstädte, die mittels thermischer Kraftwerke versorgt werden, andere Städte, welche durch das örtliche Netz mit kleinen und mittleren thermischen Kraftwerkseinheiten versorgt werden und verstreut liegende, einkommensschwache Gemeinden, die sich mit kleinen Diesel-Generatoren selbst

[38] Gomez und Silveira 2010, S.6253

versorgen.[39] Die Infrastruktur ist nur spärlich ausgebaut, so gibt es nahezu keine Wege oder Straßen.

Diese Prägung und der geringe Energieverbrauch führen dazu, dass der Bau eines mächtigen, überregionalen Stromnetzes oder zentraler Kraftwerke unwirtschaftlich ist. Und stellt somit besondere Erfordernisse an die regionale Energieversorgung, was in einer Dezentralität mündet. Diese dezentrale Struktur der Energieversorgung ist in erster Linie eine Folge der geringen Bevölkerungsdichte von etwa vier Personen pro km² [40] und der großen räumlichen Ausdehnung des Systems.[41]

Die 1,3 Millionen Verbraucher werden von isolierten Systemen versorgt, welche hauptsächlich mittels Diesel betriebenen, thermischen Kraftwerke gespeist werden.[42] Insgesamt basieren 73% der installierten Leistung auf Kraftwerken, die durch fossile Brennstoffe betrieben werden.[43] Darüber hinaus gibt es kleine Wasserkraftwerke, Photovoltaik und Biomasse-Einheiten in der Region.[44]

### 3.2.1. Marajó

Nachfolgend ist speziell das Untersuchungsgebiet Marajó Gegenstand der Betrachtungen. Die Untersuchungsregion liegt sowohl im Norden des brasilianischen Bundesstaates Pará als auch im Norden Brasiliens, wie in Abbildung 2 zu erkennen ist. Sie ist 104.140 km² groß und beherbergt etwa 379.000 Einwohner, davon leben 63% auf dem Land und 37% in Städten.[45] Die Insel der Region Marajó ist an der Mündung des Amazonas sowie nahezu direkt am Äquator gelegen. Mit etwa 40.000 km² Fläche gilt sie als die größte Flussinsel der Welt.[46]

[39] Vgl. Weinsziehr 2011, S.25
[40] Vgl. Gomez und Silveira 2010, S.6252
[41] Vgl. Weinsziehr 2011, S.24
[42] Vgl. Ebd.
[43] Vgl. Ebd.
[44] Vgl. Gomez und Silveira 2010, S.6252
[45] Vgl. Weinsziehr 2011, S.57
[46] Vgl. Ebd., S.26

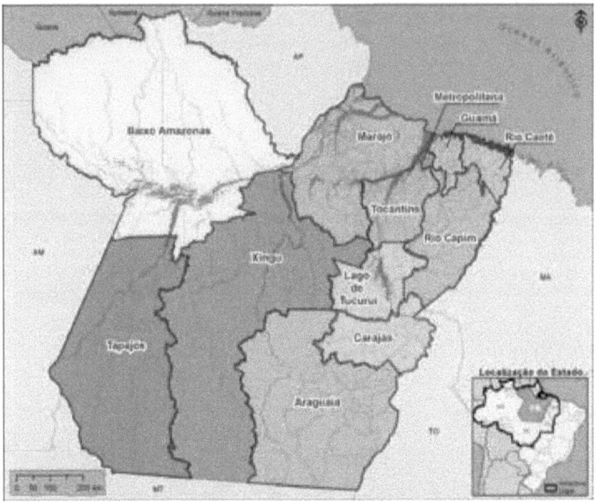


**Abbildung 2: Die brasilianische Region Para**[47]

In der untersuchten Region liegt der Human Development Index (HDI)[48], welcher mehrere ökonomische Indikatoren vereint, unter den brasilianischen Durchschnittswerten.

Das Bruttoinlandsprodukt pro Kopf, welches im Jahre 2011 im nationalen Durchschnitt bei etwa 12.600 US-Dollar lag[49], beträgt in Marajó lediglich ein Viertel dessen.[50] Neben einer unterentwickelten Infrastruktur, auch bedingt durch häufige Überschwemmungen in der Region, gibt es praktisch keine Industrie. Die Marajó Region hängt deshalb stark von der Rinder- und Büffelzucht sowie der Forstwirtschaft ab.[51]

Die Stromversorgung erfolgt mithilfe von 58 auf Diesel basierenden thermoelektrischen Kraftwerken mit einer installierten Leistung von 22 MW. In den Häusern des isolierten Systems werden Aggregate von zwei bis zehn kW Leistung genutzt, dagegen gibt es in den Städten größere Anlagen mit 240 bis 1500 kW installierter Leistung. Im Nordosten der

[47] Secretaria de estado de integracao regional 2012

[48] Vgl. Ribbeck 2008:
„Der "Human Development Index" (HDI) kombiniert mehrere Indikatoren, wobei 1,0 den höchsten erreichbaren Wert darstellt. Diese Indikatoren sind: Lebenserwartung, Ausbildung und BIP (Bruttoinlandprodukt). Im Einzelnen werden erfasst: Lebenserwartung bei der Geburt, Alphabetisierung der erwachsenen Bevölkerung, Einschulungsrate in Grund-, Sekundär- und Hochschulen, Bruttoinlandsprodukt pro Kopf. Darüber hinaus enthält der jährlich von UNDP herausgegebene Human Development Report eine Vielzahl zusätzlicher Daten aus dem ökonomischen, sozialen und politischen Bereich.“

[49] Vgl. Auswärtiges Amt 2012a

[50] Vgl. Weinsziehr 2011, S.26

[51] Vgl. Ebd., S.27

Region gibt es darüber hinaus drei Windkraftanlagen, die sich in der Testphase befinden. Zum Teil werden auch sogenannte Hybrid-Systeme, Kombinationen von Solar-Modulen in Verbindung mit Dieselgeneratoren, eingesetzt.[52]

### 3.2.2. Subventionen

Für die Energieversorgung der isolierten Systeme spielt, wie bereits beschrieben, das Erdöl eine wesentliche Rolle.

Die größten Schwierigkeiten dabei sind, dass die genutzten Dieselkraftwerke in der Regel alt und ineffizient sind, wodurch diese zu einem höheren Kraftstoffverbrauch und einer erhöhten Umweltverschmutzung beitragen.[53] Ein weiteres, großes Problem der Nutzung fossiler Energieträger besteht in der Effizienz, so dass in einigen Orten, wo sich insbesondere die Kraftwerke weit entfernt von den großen Städten befinden, durchaus der Transport von einem Liter Diesel bis zu drei Liter dessen für die Motorboote beanspruchen kann.[54]

Es gibt „[a]llein im Amazonasgebiet […] 286 Dieselgeneratoren mit einer Gesamtkapazität von über 620 MW. Die Betreiber dieser Inselsysteme erhalten für die eingesetzten Brennstoffe eine Rückerstattung durch die Eletrobrás[55].“[56] Diese Kosten werden mittels einer Umlage durch die Kunden, welche dem nationalen Stromnetz angeschlossen sind, getragen. Somit besteht eine direkte Subventionierung zugunsten der Betreiber derartiger Dieselgeneratoren. Diese soll laut aktueller Gesetzgebung noch bis zum Jahr 2022 fortgeführt werden.[57]

Die Subvention ist wie folgt geregelt:
„Die Eletrobrás zahlt den Betreibern dieser Inselnetze eine monatliche gesetzlich festgelegte Rückerstattung für die eingesetzten Brennstoffe, die sich folgendermaßen berechnet:

Rückerstattung (R$) = Gemessene Stromerzeugung (MWh) x K x [1000 x Spezifischer Verbrauch (l/kWh) x Preis des Brennstoffs (R$/l) – Wasserkrafttarifäquivalent (R$/MWh)].

[52] Vgl. Weinsziehr 2011, S.27
[53] Vgl. Ebd., S.25
[54] Vgl. Ebd.
[55] Vgl. Eletrobrás 2012: Eletrobrás ist ein mehrheitlich vom brasilianischen Staat kontrolliertes Energieunternehmen
[56] Vgl. Kissel 2008, S.16
[57] Vgl. Ebd., S.17

Die Rückerstattung verläuft degressiv aufgrund eines Reduktionsfaktors K, der bis 31.12.2008 den Wert 0,9 hat, zwischen 01. Januar 2009 und 31.12.2014 auf 0,7 sinkt und ab Januar 2015 den Wert 0,5 haben wird. Eine Rückerstattung ist nur möglich, wenn der spezifische Verbrauch des Stromgenerators nicht über 0,34 l/kWh liegt.“[58]

In der Beurteilung dieser Festlegung ist festzustellen, dass mit der Kappung des spezifischen Verbrauchs von 0,34 l/kWh ein positiver Beitrag dazu geleistet wird, dass keine zu Brennstoffintensiven Stromgeneratoren angeschafft und betrieben werden. Weiterhin ist eine zweimalige Verringerung des Reduktionsfaktor K vorgesehen, welche dazu führt, dass zwischen 2008 und 2015 die Rückerstattung, bei sonst gleichbleibenden Größen, um mehr als 40% sinkt.

Negativ ist anzumerken, dass eine höhere Erstattung erfolgt, je höher der Brennstoffverbrauch ist. Damit wird ein sparsamer Umgang mit Diesel nicht gefördert. Außerdem wird die Erstattung direkt vom aktuellen Brennstoffpreis abhängig gemacht und entsprechend auch gezahlt. So wird kein Anreiz für den Verbraucher impliziert, bei steigenden Brennstoffpreisen einen effizienteren Umgang mit dem Brennstoff zu erreichen. Ob nun durch eine Neuinvestition in Kraftstoffärmere Generatoren oder durch Ersetzen dieser Technik mit erneuerbaren Technologien. Aufgrund der Unabhängigkeit vom aktuellen Preis ist dies für den Verbraucher nicht relevant. Im folgenden Punkt wird eine Kostenberechnung der Energieerzeugung mit Diesel-Generatoren durchgeführt.

### 3.2.3. Kostenberechnung der Diesel-Verwendung

Um anschließend eine geeignete Vergleichbarkeit der unterschiedlichen Erzeugungsmöglichkeiten zu erreichen, ist es notwendig vorab die Berechnung der Stromgestehungskosten zu erklären. Das Wirtschaftlichkeitskriterium sind hierbei die spezifischen Kosten pro Produkteinheit.[59] Anhand Formel (6), siehe Anhang, kann man die Stromgestehungskosten als Mittelwert über die gesamte Nutzungsdauer errechnen.[60]

[58] Vgl. Kissel 2008, S.16f.
[59] Vgl. Konstantin 2009, S.168
[60] Vgl. Kost et al. 2012, S.8

Für die Kostenberechnung der derzeitigen Energieerzeugung mittels Dieselgeneratoren wurden die Werte Bacellar, Rocha 2010, S.5011 entnommen und entsprechend in €/kWh umgerechnet.

$$(1)\quad \frac{351{,}94\,\frac{US\text{-}\$}{MWh}^{61}}{1000} = \underline{0{,}35194\ \text{US-\$/kWh}}$$

$$(2)\quad \frac{0{,}35194\,\frac{US\text{-}\$}{kWh}}{1{,}2585\,\frac{US\text{-}\$}{€}^{62}} = \underline{0{,}28\ \text{€/kWh}}$$

Aktuell kostet eine Kilowattstunde Strom in den isolierten Systemen nach der Umrechnung damit etwa 0,28 €/kWh. Wie in Tabelle 1 ersichtlich ist, wird dieser Wert später mit möglichen alternativen Energieformen verglichen. Bevor dies geschieht steht jedoch zuerst die Analysemethode bezüglich eines Carbon lock-in im Amazonasgebiet im Blickpunkt.

**Tabelle 1: Stromgestehungskosten Diesel**

| | Dieselgeneratoren | Windenergie | Photovoltaik |
|---|---|---|---|
| Stromgestehungskosten | 0,28 €/kWh | | |

# 4. Methode für Analyse

Als Ziel der Arbeit, die Erdölabhängigkeit der Region Marájo zu betrachten, wird im Kapitel 5 eine Analyse der vorherrschenden Situation und dessen Alternativen bzw. Auswege durchgeführt. Deshalb wird in diesem Kapitel das Vorgehen der nachfolgenden Analyse näher beschrieben.

Die Analyse ist in einen zweistufigen Prozess gegliedert. In der 1. Stufe wird die, in den vorhergehenden Kapiteln beschriebene Theorie anhand einer Literaturrecherche auf die Praxis angewandt. Stellvertretend für den Norden Brasiliens wurde in dieser Arbeit die Region Marájo gewählt. Aufgrund von vorherrschender Literatur und zeitlicher Begrenzung erwies sich Marájo als geeignetes Beispiel um eine umfangreiche und repräsentative Analyse

[61] Vgl. Bacellar und Rocha 2010, S.5011
[62] Vgl. n-tv Nachrichtenfernsehen GmbH 2012, Stand: 04.09.2012

durchzuführen. Anhand von vier Faktoren: etablierte technische Systeme, Geschäftsrisiken der Innovation, hohe Transaktionskosten, unvorteilhaftes politisches Umfeld, die auf Grundlage der Betrachtung von Brown et al. 2007 gewählt wurden, wird die derzeitige Situation in Marájo näher betrachtet und bewertet. Diese Faktoren wurden gewählt, da diese ein großes Spektrum der Einflussfaktoren auf die Erdölabhängigkeit abdecken und dadurch für die Betrachtung eine wesentliche Rolle spielen. Auf Grundlage von Unruh's Lock-in Begriffserklärung wird anschließend eine Beurteilung der Situation vorgenommen.

In der 2. Stufe wird von der derzeitigen Situation auf die Betrachtung von möglichen Alternativen übergeleitet. Am Beginn wird auf ein potentielles De-Locking anhand von Subventionen eingegangen und ein vorstellbarer Ausweg beschrieben. Anschließend wird auf zwei weitere Alternativen, Windenergie und Photovoltaik, eingegangen. Die nähere Betrachtung von Windenergie und Photovoltaik wird mit Hilfe einer Kostenanalyse sowie zwei weiteren Vergleichspunkten durchgeführt. Die Vergleichspunkte beziehen sich auf die ökonomischen, ökologischen und sozialen Folgen der erneuerbaren Energien und bilden die Grundlage für eine abschließende Prognose über die Effizienz und Möglichkeiten dieser Alternativen.

Dieses zweistufige Analyseschema wurde aufgrund einer guten Übersichtlichkeit, eines besseren Verständnisses der aktuellen Situation und einer Bewertung möglicher Alternativen gewählt. Die Analyse auf Grundlage einer Literaturrecherche erwies sich als die am besten geeignete Methode, da aufgrund von Sprachbarrieren Interviews, sowie Umfragen oder ähnliches nicht möglich waren. Die Problematik des Carbon lock-in wird aufgrund der beispielhaften Verdeutlichung an der Region Marájo aufgezeigt. Natürlich ist für eine genauere Einschätzung der gesamten Erdölabhängigkeit im Norden Brasiliens eine noch umfangreichere Betrachtung weiterer Regionen nötig, sowie eine Analyse anhand von weiteren bzw. anderen Faktoren möglich. Jedoch wurde sich aufgrund von unzureichend existierender Literatur und Informationen, sowie des begrenzten Umfanges im Rahmen dieser Arbeit auf die oben genannten Faktoren und die Region Marájo begrenzt.

Durch die Einschätzung und Bewertung anhand klar abgegrenzter Faktoren kann diese zweistufige Analyse auch auf andere Regionen übertragen werden, die aufgrund des Umfanges an dieser Stelle nicht Bestandteil dieser Arbeit sein können.

## 5. Analyse: Erdöl-Abhängigkeit in der Zukunft, Perspektiven, Alternativen

### Carbon lock-in

Gregory C. Unruh und Javier Carrillo-Hermosilla haben in ihrem 2006 veröffentlichten Werk "Globalizing carbon lock-in" verschiedene Kriterien für das Bestehen eines solchen Carbon lock-in Effektes aufgeführt, welche anschließend mit vorhandenen Daten aus dem brasilianischen Amazonasgebiet unterlegt werden.

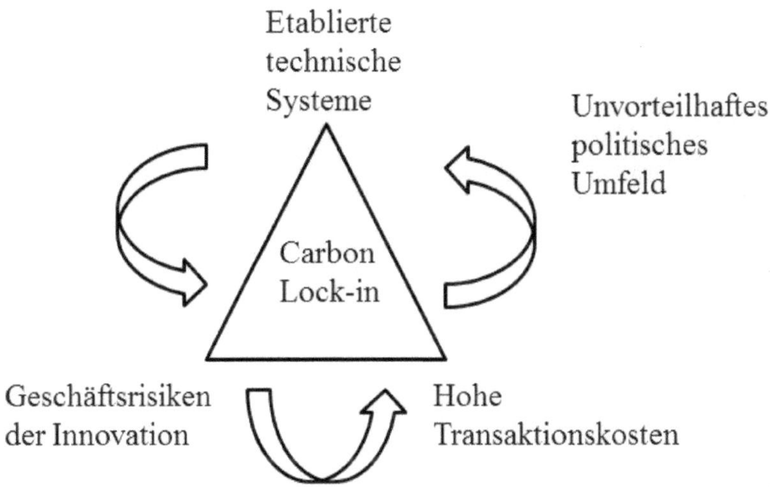


**Abbildung 3: Carbon lock-in**[63]

Abbildung 3 zeigt die wesentlichen Einflussfaktoren, die einen Zustand des Carbon lock-in bedingen. Diese werden nun einzeln analysiert.

### Etablierte technische Systeme

In seinem Werk schreibt er davon, dass die meisten Energietechnologien in der Hand von wenigen, großen, durch Profit getriebenen Konzernen sind. Da es sich oft um große,

[63] Eigene Darstellung nach Brown et al. 2007, S.128

komplexe Energieprojekte handelt, sind auch derartige große Konzerne im Vorteil, da diese Kapital, Know-how und Finanzierung in sich vereinen.[64]

Es scheint nachvollziehbar, dass diese Firmen nicht daran interessiert sind, ihre aktuellen, profitablen Produkte überflüssig zu machen und sich deshalb alternativen Technologien eher verschließen. Stattdessen werden oftmals Weiterentwicklungen der bestehenden Technologien sowie Effizienzsteigerungen in Aussicht gestellt, um Kritik an diesen zu begegnen.[65]

Im Falle des Amazonasgebietes ist in dieser Hinsicht die Firma Petrobras zu nennen. Sie hat das Monopol der Brennstoffverkäufe im Norden Brasiliens und scheint ein Haupthindernis für die Entwicklung alternativer Energiequellen zu sein.[66] Dieses halbstaatliche Unternehmen[67] gehört zu den größten Ölkonzernen der Welt und ist der führende Öl-Konzern Brasiliens. Das Ziel besteht darin, bis 2020 eines der fünf größten Energieunternehmen der Welt zu sein. Derzeit ist Petrobras bereits in 27 Ländern vertreten.[68]

### Unvorteilhaftes politisches Umfeld

Als zweiter Aspekt ist ein unvorteilhaftes politisches Umfeld zu nennen. Da eine enge Verbindung zwischen Regierung und dem halbstaatlichen Konzern Petrobras besteht, behindert auch dies das Vordringen erneuerbarer Technologien in die isolierten Systeme und das Wirken der Akteure, die sich für erneuerbare Energien einsetzen.[69] Als weiteres Indiz kann angeführt werden, dass im öffentlichen Sektor, bei Beamten und Politikern ein Klima herrscht, welches Korruption begünstigt.[70] In dessen Folge besitzt die mächtige Ölindustrie die Möglichkeit staatliche Stellen so zu beeinflussen, dass die bisherige Struktur der Energieversorgung trotz besseren Wissens aufrechterhalten bleibt und neue Energien ausgeschlossen bleiben.

Die Politik wirkt insbesondere auch auf regionaler Ebene massiv auf die Erdölverwendung ein, da die anfallenden Steuern beim Verkauf fossiler Brennstoffe direkt den Kommunen

---

[64] Vgl. Unruh und Carrillo-Hermosilla 2006, S.1188
[65] Vgl. Unruh und Carrillo-Hermosilla 2006, S.1188
[66] Vgl. Weinsziehr 2011, S.50
[67] Vgl. Petrobras 2012a
[68] Vgl. Petrobras 2012b
[69] Vgl. Weinsziehr 2011, S.50
[70] Vgl. Transparency International: Brasilien hat einen CPI (Korruptionswahrnehmungsindex) von 3,8 auf einer Skala von 0 (sehr hohe Korruption) bis 10 (sehr niedrige Korruption)

zugutekommen und damit eine Verbreitung der erneuerbaren Energien verhindert. Somit sind die lokalen Regierungen nicht gewillt, fossile Energieträger abzulösen, da die Budgets direkt von deren Verkauf abhängen.[71] In der Endkonsequenz ist eher die Intention nach einer Steigerung des Erdölverbrauchs in der Region vorstellbar um die kommunalen Finanzen zu stärken.

### Geschäftsrisiken der Innovation

Das dritte Kriterium besteht in der Art, wie die Entwicklung der Infrastruktur finanziert ist. Im Wesentlichen sind dabei drei große Kapitalgeber zu nennen: der öffentliche sowie der private Sektor als auch große, multinationale Konzerne. In der Vergangenheit wurde vielmals die Energie-Infrastruktur von den Regierungen direkt finanziert. Heutzutage nehmen private Kapitalgeber eine zunehmend wichtigere Rolle ein. Da aber diese Investoren ihre Entscheidungen direkt von den Ertragsaussichten abhängig machen, müssen Energieprojekte mit anderen Kapitalanlagen konkurrieren. Die höchsten Renditen können gegenwärtig durch Öl-Projekte generiert werden.[72]

Die Finanzierung der Projekte für erneuerbare Energien ist insbesondere aufgrund der hohen Anfangsinvestitionen problematisch. Im Gegensatz dazu sind die Anfangsinvestitionen thermoelektrischer Kraftwerke sehr gering, wodurch die Investitionsrisiken für diese Technologie erheblich niedriger sind.[73] Somit sind neuartige, kohlenstoffarme Technologien im Nachteil. Die Risikoaversion der privaten Kapitalgeber gibt daher oft den Ausschlag zu Gunsten traditioneller, bewährter Investments. Damit wird unweigerlich eine Hürde gegenüber neuen Energietechnologien aufgebaut.[74] Außerdem ist es schwierig, kleine und mittlere Unternehmen in die Finanzierung einzubeziehen, da sowohl Kapital als auch eine notwendige unternehmerische Ausbildung häufig nicht vorhanden sind. Ausländische Investoren schreckt ein hohes Länderrisiko von einer Finanzierung ab bzw. wird ein hoher Risikoaufschlag verlangt, sodass deutlich über 10% Zinsen für eine Investition in derartige Projekte verlangt werden.[75]

Für das Amazonasgebiet ist zu konstatieren, dass die fehlende Sicherheit für eine solch langfristige Investition ein Problem darstellt, da in vielen Teilen des Amazonasgebietes eine

[71] Vgl. Weinsziehr 2011, S.50
[72] Vgl. Unruh und Carrillo-Hermosilla 2006, S.1188
[73] Vgl. Weinsziehr 2011, S.50
[74] Vgl. Unruh und Carrillo-Hermosilla 2006, S.1188
[75] Vgl. Helmke 2009, S.20

Verbindung zum Energienetz des nationalen Systems geplant ist. Auch in der Marajó Region ist dies der Fall. Da keine langfristige Abnahmegarantie des erneuerbaren Stroms durch die Regierung gewährt wurde, besteht für mögliche Investoren aufgrund fehlender Sicherheit kein Anreiz in erneuerbare Energien zu investieren.[76]

### Niedrige Transaktionskosten

Ein viertes Kriterium liegt in dem Willen der Entwicklungsländer begründet, eine schnelle Industrialisierung zu fördern. Dies geschieht mittels Übernahme bereits bewährter, erfolgreicher Politiken, Entwicklungsstrategien und ordnungspolitischen Rahmenbedingungen der Industrieländer. Besonders wichtig sind dabei Schlüsselindustrien, die dieser Entwicklung dienen, dazu gehören Energie- und Transportnetze. Dabei gelten Energietechnologien, die auf fossilen Brennstoffen basieren, als ideal. Relativ niedrige Kosten und eine schnelle Verfügbarkeit bei steigender Energienachfrage sind dabei die Hauptargumente.[77] Die Regierungen haben also ein gesteigertes Interesse daran, die steigende Energienachfrage zügig zu erfüllen um weiteres, schnelles Wachstum zu generieren.[78] Die Nachhaltigkeit ist dabei nicht das vordergründige Ziel. Dieses Argument steht augenscheinlich eng in Zusammenhang mit den eingangs erwähnten positiven Wachstumszahlen Brasiliens der vergangenen Jahre.

Wie bereits in Kapitel 2.1. beschrieben wurde, weisen Institutionen nur eine geringe Veränderungsfähigkeit auf. Hierbei ist ein weiteres großes Problem für erneuerbare Energien zu sehen. Denn in Bezug auf diese neuen Entwicklungen ist die Politik kaum flexibel. Anstatt Unterstützung zu geben, verlangsamen sie die Entwicklung der erneuerbaren Energien.[79] Das größte Hindernis stellt die schlechte Regulierung der Politik dar, wie im unprofessionellen Vorgehen bei einer Sonnenkollektor- Ausschreibung zu beobachten war.[80]

Auch die Komplexität der Verantwortlichkeiten steht einem beschleunigten Voranschreiten neuer Technologie im Wege. Dabei sind insbesondere das Ministerium für Bergbau und Energie (MME), die nationale Energie Agentur (ANEEL) sowie der brasilianische Energieversorger (Eletrobrás) zu nennen.

---

[76] Vgl. Weinziehr 2011, S.51
[77] Vgl. Unruh und Carrillo-Hermosilla 2006, S.1188
[78] Vgl. Ebd., S.1189
[79] Vgl. Weinziehr 2011, S.51
[80] Vgl. Ebd.

Darüber hinaus ist der regionale Kontext zu nennen. Fossile Brennstoffe spielen in der Region eine bedeutende Rolle, damit verknüpft sind z.B. der Transport und die Steuereinnahmen. Infolgedessen ist es nachvollziehbar, dass verschiedene Interessengruppen, wie Unternehmer, Lokalpolitiker und Angestellte das System in der jetzigen Form beibehalten wollen.[81]

Anhand der damit abgeschlossenen 1. Stufe der Analyse, ist festzustellen, dass im Amazonasgebiet ein Carbon lock-in Effekt nach Definition von Gregory C. Unruh vorliegt. Da alle hier diskutierten Aspekte der eingangs erwähnten Charakterisierung dieses Effektes entsprechen, ist dieses Ergebnis entstanden. Alle Bedingungen aus Abbildung 3 sind vollständig vorhanden. Auch wenn es in den letzten Jahren bereits eine graduelle Öffnung zugunsten erneuerbarer Energietechnologien gegeben hat, so ist eine hohe Veränderungsresistenz der Energiewirtschaft im Amazonasgebiet festzustellen.

**Ausblick**

Ein geeigneter Weg aus der geschilderten Situation, ein sogenanntes De-Locking, kann möglicherweise mithilfe einer Änderung der Subventionspolitik entstehen. Eine Möglichkeit des De-Locking ist das strategische Nischen-Management.[82] Dieser Ansatz hat zum Ziel den Markt zu verändern, in dem Innovationen gefördert werden. Er ist definiert als ein Prozess, welcher sich orientiert an der Erstellung von geeigneten Nischen, in denen eine neue Technologie genutzt und weiterentwickelt werden kann.[83] Dieser Ansatz könnte im konkreten Fall den folgenden 5 Schritten entsprechen und damit verbunden wesentliche Effekte entfalten.

1. Einmalige Verteuerung des Erdöls durch Wegfall der bisherigen Subventionen
2. Vermutlich dauernde Verteuerung des Erdöls, da endliche Ressource
3. Einmalige Verbilligung der Erneuerbaren Energien gegenüber Erdöl
4. Durch Lerneffekte dauerhafte Steigerung der Effizienz und des Ertrages
5. Durch zunehmend gute Ertragsaussichten entstehen zusätzliche Investitionen aus dem privaten Bereich, ein selbsttragender Prozess mit beschleunigter Wirkung tritt ein

[81] Vgl. Weinsziehr 2011, S.50
[82] Vgl. Unruh und Carrillo-Hermosilla 2006, S.1190
[83] Vgl. Ebd.

Zu Punkt 1.: Die politischen Institutionen streichen die Erdöl-Subventionen. Damit tritt eine sprunghafte Verteuerung für die Verbraucher in den isolierten Systemen in Kraft.

Zu Punkt 2.: Es ist damit zu rechnen, dass auf lange Frist eine stetige Verteuerung des Erdöls infolge voraussichtlich steigender Weltmarktpreise eintritt.[84]

Zu Punkt 3.: Durch Umlage der infolge von Punkt 1. weggefallenen Subventionen auf erneuerbare Technologien und ggf. deren Aufstockung, da ein imaginärer Aufpreis für die wegfallenden Emissionen gezahlt wird, verbilligt sich für den Endverbraucher die Investition in erneuerbare Technologien spürbar im Gegensatz zur bisherigen Entwicklung.

Zu Punkt 4.: Infolge der ersten drei Effekte ist noch ein zögerlicher Entwicklungsprozess erneuerbarer Technologien zu erwarten. Da sich erneuerbare Technologien aber auf dem steilen Ast der Lernkurven befinden[85], kommt es im Zuge dieses Entwicklungsprozesses zu einer Effizienzsteigerung sowie Kostensenkung besagter Technologien.

Zu Punkt 5.: Da sich aufgrund der bisherigen Effekte die Ertragsaussichten für Investoren verbessert haben, ist es nun für inländische wie auch ausländische, private und öffentliche Investoren attraktiv, in derartige Projekte zu investieren. Damit tritt ein beschleunigter, sich selbst tragender Prozess ein, welcher von Wechselwirkungen zwischen Investition, Lerneffekten und Kosteneffizienz getrieben wird.

Neben der beschriebenen ökonomischen Komponente einer derart radikalen Veränderung ist nicht außer Acht zu lassen, dass auch immaterielle Wertzuwächse, wie bspw. die neu entstandene Unabhängigkeit der Verbraucher in der Energieversorgung, die Lebensqualität erhöhen.

Abschließend ist zu sagen, dass die Industriestaaten bereits vor Jahren begonnen haben, die erneuerbaren Energien marktfähig zu machen und in Entwicklungsländer zu exportieren, wo diesbezüglich große Potentiale bestehen. Zum Beispiel wurde Windenergie in Deutschland, Spanien und Dänemark mittels Subventionspolitik weitestgehend wettbewerbsfähig gemacht. Sodass es nun die Möglichkeit gibt, diese Technologien in andere Länder, insbesondere in Entwicklungsländer, zu exportieren. Das wird vorrangig mittels Exporten geschehen und

[84] Siehe Abb.8 im Anhang
[85] Siehe Abb.7 im Anhang

durch lokale Niederlassungen großer Konzerne in Verbindung mit regionaler Industrie unterstützt werden. Damit hat die Subventionspolitik langfristig neben einer $CO_2$ – Reduzierung der eigenen Industrie auch Wachstumseffekte für Export orientierte Unternehmen zur Folge.[86]

Im Anschluss werden nun die Alternativen der Windenergie und Photovoltaik betrachtet.

## 5.1. Windenergie

Im Folgenden wird die Windkraft (onshore), das heißt Windenergie an Land, in der Marajó-Region betrachtet. Wie in Abbildung 4 zu sehen ist, herrschen in Brasilien, vor allem in Küstennähe und den höheren Lagen im Osten und Süden des Landes, gute Windbedingungen. Für eine spezifischere Betrachtung wäre aber ein detaillierterer Windatlas der Region notwendig, welcher derzeit noch nicht zur Verfügung steht.

Der vorliegende, erste nationale Windatlas aus dem Jahr 2001 ermittelte in 50m Höhe eine mögliche Gesamtkapazität der Windkraftnutzung von etwa 143.000 MW in Brasilien. Von einem neueren Atlas mit Messungen in 80-120 m Höhe verspricht man sich eine Erhöhung des Windpotentials auf über 350.000 MW.[87]

---

[86] Vgl. Goldemberg 2006, S.2190
[87] Vgl. ABE Eólica 2012

**Abbildung 4: Windkraftpotential in Brasilien.**[88]

Die Windenergie-Produktion ist in Brasilien vor allem aufgrund des Förderungsprogramms Proinfa von 22 MW installierter Leistung im Jahr 2002 auf 931 MW im Jahr 2010 signifikant angestiegen, wie in Tabelle 2 dargestellt ist.[89] Ein Vergleich der Zahlen des voraussichtlichen Potentials mit der bereits installierten Leistung zeigt, dass die Windkraft trotz einer erfolgten Vervielfachung in den vergangenen Jahren noch große Entwicklungsmöglichkeiten besitzt.

---

[88] Vgl. Pereira et al. 2012, S.3792

[89] Vgl. Global Wind Energy Council 2012

**Tabelle 2: Installierte Kapazitäten von Windenergie in Brasilien auf Basis des GWEC[90]**

| Jahr | 2002 | 2003 | 2004 | 2005 | 2006 | 2007 | 2008 | 2009 | 2010 |
|---|---|---|---|---|---|---|---|---|---|
| Installierte Leistung in MW | 22 | 29 | 29 | 29 | 237 | 247 | 341 | 606 | 931 |

Bei regenerativen Systemen sind im Gegensatz zu konventionellen Kraftwerken nicht die Brennstoffkosten der entscheidende Faktor sondern vielmehr die konkreten Standortbedingungen. Bei der Photovoltaik ist dabei die solare Einstrahlung zu nennen und bei der Windenergie ist die Windgeschwindigkeitsverteilung vor Ort entscheidend.[91]

**Abbildung 5: Windkraftpotential in der nördlichen Region Brasiliens[92]**

[90] Vgl. Ebd.
[91] Vgl. Liptow 2011, S.9
[92] Vgl. Amarante et al. 2001, S.38

Aus Abbildung 5 geht hervor, dass vor allem im Küstenbereich Marajó's mit Windgeschwindigkeiten von 6-8 m/s durchaus gute Bedingungen für Windkraft zu beobachten sind.

Im folgenden Abschnitt werden nun die ökonomischen Aspekte der Windenergie thematisiert.

### 5.1.1. Ökonomische Folgen

Eines der größten Hemmnisse, Windkraft in Brasilien zu etablieren, waren in der Vergangenheit die im Vergleich zu konventionellen Energieträgern relativ hohen Kosten. In den letzten Jahren fielen die Preise allerdings von 117,95 US-$/MWh im Jahr der Einführung des Programms Proinfa (2002) auf 85,10 US-$/MWh im Jahr 2009[93] auf bis zu 74,39 US-$/MWh bei der letzten Windauktion der Regierung im Jahr 2010.[94] Die Umrechnung der Werte von US-$/MWh in €/kWh erfolgt nun:

$$(3)\ \frac{74{,}39\,\frac{US\text{-}\$}{MWh}}{1000} = \underline{0{,}0739\ \text{US-\$/kWh}}$$

$$(4)\ \frac{0{,}0739\,\frac{US\text{-}\$}{kWh}}{1{,}2585\,\frac{US\text{-}\$}{€}}\ ^{95} = \underline{0{,}059\ €/\text{kWh}}$$

In Tabelle 3 wird nun der entsprechende Wert eingetragen und es ist bereits ein deutlicher Unterschied zu den Stromgestehungskosten der Dieselgeneratoren ersichtlich.

**Tabelle 3: Stromgestehungskosten Diesel, Wind**

| | Dieselgeneratoren | Windenergie | Photovoltaik |
|---|---|---|---|
| Stromgestehungskosten | 0,28 €/kWh | 0,059 €/kWh | |

Eine positive Entwicklung hat bereits im Bereich der Hersteller von Windenergie eingesetzt. In der Vergangenheit war in Brasilien nur ein Hersteller von Windenergieanlagen, Wobben Windpower, ein Tochterunternehmen der deutschen Firma Enercon mit zwei Produktionsstätten aktiv.[96]

---

[93] Vgl. Vieira 2011, S. 27
[94] Vgl. Pereira et al. 2012, S.3792
[95] Vgl. n-tv Nachrichtenfernsehen GmbH 2012, Stand: 04.09.2012
[96] Vgl. Global Wind Energy Council 2012

In den letzten Jahren begannen dann weitere Lieferanten in den Markt einzutreten. Dazu gehören das argentinische Unternehmen Impsa sowie Suzlon und Vestas, welche Turbinen produzieren. Weitere neue Marktteilnehmer, die Turbinen in den Jahren 2009 und 2010 bei Auktionen verkauft haben, sind Alstom, Gamesa, GE Wind und Siemens.[97] Damit sind also sowohl Know-how als auch qualifizierte Mitarbeiter bereits in diesem Bereich in Brasilien vorhanden.

Im Rahmen des Programms Proinfa ist es notwendig eine lokale Wertschöpfung von 60% nachzuweisen, damit eine maximale Förderung des Projektes möglich ist. Um dies zu erreichen, errichten sowohl General Electric als auch Alstom Wind derzeit neue Fabriken in Brasilien, während Gamesa und Suzlon neue lokale Produktionsstätten angekündigt haben. Siemens hat bereits eine große Produktionsstätte in Brasilien, die es dem Unternehmen ermöglicht, sowohl Windkraftanlagen zu produzieren als auch zu montieren.[98]

Damit sind also gute Bedingungen für eine Erfüllung der Proinfa-Auflagen vorhanden sowie ein weiterer, kostengünstiger Ausbau der Windenergie geschaffen worden.

### 5.1.2. Ökologische Folgen

Zu den ökologischen Betrachtungen gehören sowohl die Aspekte der Luftverschmutzung durch Emissionen als auch des Flächenverbrauchs.

In erster Linie ist dabei festzustellen, dass Windkraft erneuerbar und sauber ist, sowie Energie generiert, die frei von Emissionen ist.[99]

Schätzungen der Schwefeldioxid und Stickstoffdioxid-Emissionen zeigen, dass Windenergie unter diesen Gesichtspunkten zu den leistungsfähigsten Technologien für erneuerbare Energien zählt. Es entstehen dabei lediglich Emissionen während der Herstellung, Materialverarbeitung und dem Transport der Windkraftanlagen, jedoch nicht in Verbindung mit der eigentlichen Energieerzeugung.[100]

---

[97] Vgl. Ebd.
[98] Vgl. Ebd.
[99] Vgl. Pereira et al. 2012, S.3791
[100] Vgl. Müller et al. 2011, S.22

Ein weiterer, positiver Aspekt ist hinsichtlich der Landnutzung zu nennen, „[s]o verringert der Einsatz der Windenergie im Zusammenspiel mit der Wasserkraft nicht nur das Abfallen der Pegelstände in den Stauseen; vielmehr steht das eingesparte Wasser der Landwirtschaft zur Verfügung und kann die sozialen Kosten der Landflucht vermindern bzw. verhindern.“[101]

Des Weiteren ist durch Windkraftanlagen ein wesentlich geringerer Netto-Flächenbedarf gegenüber Solaranlagen nötig und eine nahezu uneingeschränkte landwirtschaftliche Nutzung von Windparks möglich.[102]

Man kann also feststellen, dass unter ökologischen Aspekten die Windenergie eine positive Umweltbilanz vorweist.

#### 5.1.3. Soziale Folgen

Möchte man nun die Auswirkungen auf die Beschäftigung betrachten, so ist festzustellen, dass, „die Produktion von Elektrizität durch fossile Kraftstoffe 250 Jobs pro Tera-Watt-Stunde pro Jahr schafft“[103]. Hingegen „entstehen durch Windenergie etwa zehn Mal so viele [...]“[104] Arbeitsplätze. Es ist also davon auszugehen, dass im Zuge einer verstärkten Nutzung der Windenergie positive soziale Effekte in Form von Arbeitsplätzen und Wohlstand für die Region Marajó entstehen.

### 5.2. Photovoltaik

Nachdem die Windenergie analysiert wurde, folgt nun die zweite, mögliche Alternative der Betrachtungen, Energie mittels Photovoltaik zu erzeugen.

---

[101] Helmke 2009, S.147
[102] Vgl. Liptow 2011, S.6
[103] Vgl. Goldemberg 2006, S.2188
[104] Vgl. Ebd.

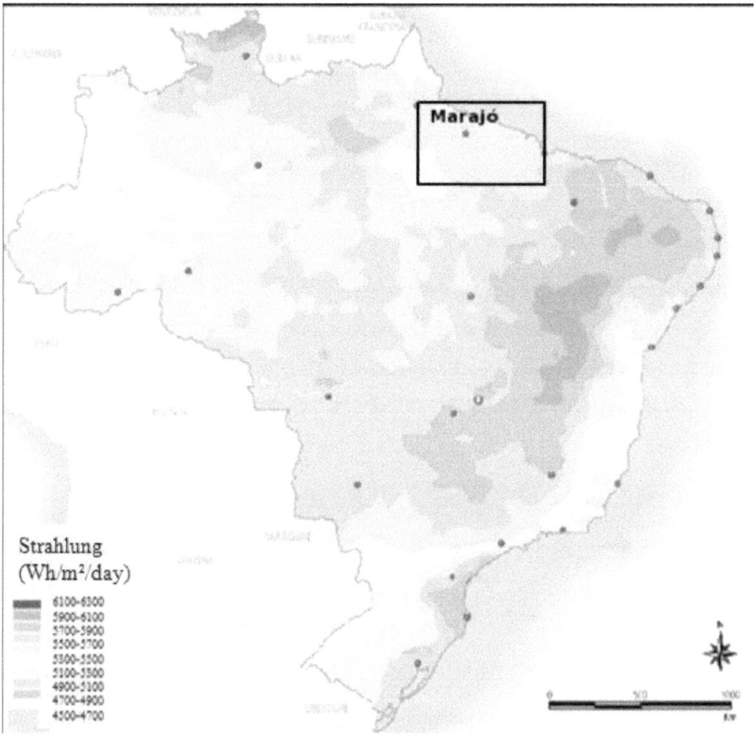


**Abbildung 6: Tägliche, globale Sonneneinstrahlung - typischer, jährlicher Durchschnitt**[105]

In Abbildung 6 ist die tägliche, globale Sonneinstrahlung Brasiliens im Jahresdurchschnitt dargestellt. Für die Untersuchungsregion Marajó, welche im Norden des Landes zwischen Macapá und Belém liegt, bedeutet dies, dass im täglichen Durchschnitt mit etwa 5000 – 5500 Wh/m² Einstrahlung zu rechnen ist. Diese entspricht zwischen 1800 und 1980 kWh/m² pro Jahr[106] und liegt damit etwa 40 - 50% höher im Vergleich zu einem idealen, deutschen Standort.[107] Nachfolgend werden die entsprechenden ökonomischen Folgen der Photovoltaik thematisiert.

[105] Vgl. Pereira et al., S.3791
[106] Berechnung: 5000 Wh/m² (täglich) *30 Tage *12 Monate /1000 = 1800 kWh/m² pro Jahr
[107] Vgl. Kost et al. 2012, S.3

### 5.2.1. Ökonomische Folgen

Um eine geeignete Kostenanalyse zur Ermittlung der Stromgestehungskosten von Photovoltaik-Strom durchzuführen, erscheint es sinnvoll mit einem Mittelwert der Sonneneinstrahlung von 1890 kWh/m² zu rechnen. Die weiteren Faktoren wurden deutschen Vergleichswerten entnommen.

Unter der Maßgabe einer Photovoltaik-Dachanlage mit 5 kWp (37 m²) installierter Leistung mit mono Silicium Modulen und einer Lebensdauer von 30 Jahren rechnet man mit Investitionskosten von 29.400 €. Der Wirkungsgrad der Module wird mit 14,5% angegeben. Desweiteren ist mit Betriebskosten von 280 € pro Jahr zu rechnen.[108]

$I_o$= 29.400 €[109]
i = 5%[110] (eigene Annahme)
n = 30 Jahre
$M_{el}$=1890 kWh/m² x 37m²=69930 kWh x 0,145 (Wirkungsgrad)[111] = 10139,85 kWh
A= 280 €

Einsetzen in die in Abb.9 (siehe Anhang) genannte Formel ergibt:

$$(5) \qquad \text{LCOE} = \frac{I_0 + \sum_{t=1}^{n} \frac{A_t}{(1+i)^t}}{\sum_{t=1}^{n} \frac{M_{el}}{(1+i)^t}} = \frac{29.400\,€ + \sum_{1}^{30} \frac{280\,€}{(1{,}05)^t}}{\sum_{1}^{30} \frac{10139{,}85\,kWh}{(1{,}05)^t}}$$

$$= \frac{33704{,}29\,€}{155874{,}35\,kWh} = 0{,}216\,€/\,\text{kWh} + 20\%\ \text{Korrektur} = \underline{0{,}259\,€\,/\,\text{kWh}}$$

Am Schluss der Berechnung wird ein Korrekturfaktor von 20% aufgeschlagen, welcher Steuerdifferenzen, Wirkungsgradverlusten durch eine höhere Durchschnittstemperatur als in Deutschland, Wechselkursverluste sowie möglicherweise erhöhte Transportkosten in entlegene Gebiete Rechnung tragen soll. Die Tabelle 4 ist nun vollständig und verdeutlicht die Unterschiede der Stromgestehungskosten für die drei Erzeugungsarten Dieselgeneratoren, Windenergie sowie Photovoltaik.

---
[108] Vgl. Kaltschmitt et al. 2006, S.260
[109] Vgl. Ebd. S.262
[110] Vgl. Konstantin 2009, S.151
[111] Vgl. Kaltschmitt et al. 2006, S.260

**Tabelle 4: Stromgestehungskosten Diesel, Wind, Photovoltaik**

| | Dieselgeneratoren | Windenergie | Photovoltaik |
|---|---|---|---|
| Stromgestehungskosten | 0,28 €/kWh | 0,059 €/kWh | 0,259 €/kWh |

Die Analyse wird nun mit der Betrachtung der Ökologischen Folgen fortgesetzt.

### 5.2.2. Ökologische Folgen

Die Ergebnisse von mehreren Ökobilanz-Studien zeigen, dass alle erneuerbaren Technologien zur Stromerzeugung während ihres gesamten Lebenszyklus deutlich niedrigere $CO_2$-Emissionen aufweisen im Gegensatz zu fossilen Technologien. Dabei geht man davon aus, dass der Energieeinsatz der erforderlich ist, um erneuerbare Systeme bereit zu stellen, wie etwa für die Herstellung der Photovoltaik-Module, aus dem aktuellen Energiemix erfolgt. Würden sich also die erneuerbaren Energien verbreiten, dann würden sich die Emissionen während des gesamten Lebenszyklus deutlich reduzieren lassen.[112]

Weiterhin werden für die Produktion der Photovoltaik-Module spezielle Materialien, wie kristallines Silizium, Cadmium oder Tellur benötigt. Die Herstellung dieser Materialien kann zu zusätzlicher Luftverschmutzung führen.[113] Dennoch sind die Emissionen immer noch viel geringer im Gegensatz zur alternativen Nutzung fossiler Brennstoffe.[114]

Zusammenfassend kann gesagt werden, dass aufgrund der steilen Lernkurve[115] erneuerbarer Technologien erwartet werden kann, dass sich die Emissionen, die im Zusammenhang mit diesen stehen, in der Zukunft wohl weiter reduzieren lassen werden.[116]

Da es weiterhin aufgrund der häufigen Überschwemmungen und der meist schwierigen Bodenbeschaffenheit in der Marajó-Region sinnvoll erscheint, Photovoltaik-Module vorrangig auf den Dächern zu montieren, ist kaum mit einer zusätzlichen Landnutzung und den damit verbundenen Einschränkungen für die Landwirtschaft zu rechnen.[117]

[112] Vgl. Müller et al. 2011, S.17
[113] Vgl. Ebd., S.22
[114] Vgl. Ebd., S.23
[115] Abb.7 im Anhang
[116] Vgl. Müller et al. 2011, S.23
[117] Vgl. Ebd.

### 5.2.3. Soziale Folgen

Unter sozialen Aspekten ist zunächst ein möglicher positiver Einfluss der verstärkten Photovoltaik-Nutzung hinsichtlich neuer Arbeitsplätze zu betrachten. Eine Ansiedlung der Photovoltaik-Industrie könnte dabei positive Effekte entfalten, allerdings werden „Zellen und Module [...] heute in Asien produziert [...]“[118]. Eine Photovoltaik-Industrie ist in Brasilien praktisch nicht existent.[119] Dagegen versucht die brasilianische Regierung gegenzusteuern, so müssen „[i]m Rahmen einer sogenannten Local-Content-Regelung [...] 60 Prozent der Wertschöpfung in Brasilien erzielt werden. [Weiterhin kassiert der Staat] auf importierte Solarzellen [...] 18 Prozent Zoll.“[120]

Darüber hinaus könnte allerdings, das im Vergleich zu den derzeit in Asien produzierenden Arbeitern, relativ hohe Lohnniveau in Brasilien der Entwicklung einer Ansiedlung klassischer Modulhersteller entgegen stehen.[121] Von einer großflächigen Installation von Photovoltaik-Anlagen sollten jedoch insbesondere sowohl inländische und ausländische Ingenieurbüros oder Projektentwickler[122] als auch kleine und mittlere Handwerksbetriebe profitieren.

Im Fazit wird nun die Analyse entsprechend zusammengefasst.

## 6. Fazit

Es wurde in der Vergangenheit bereits eine Untersuchung zum Carbon lock-in Effekt am Beispiel des US-amerikanischen Energiesektors von Carley 2011 durchgeführt. Dabei wurde der Effekt mittels einer Analyse, welche auf der historischen Entwicklung des Energiesystems basiert, betrachtet. Diese kam zu dem Ergebnis, dass der amerikanische Energiesektor noch keine Anzeichen eines erfolgreichen De-Locking zeigt.

---

118 Vgl. Specht 2012, journalistischer Beitrag
119 Vgl. Vieira 2011, S.36
120 Vgl. Specht 2012, journalistischer Beitrag
121 Vgl. Ebd.
122 Vgl. Ebd.

Im Zentrum der Bearbeitung des Themas stand die folgende Fragestellung:

Besteht ein „Carbon lock-in im Amazonasgebiet?“

Wie bereits in Kapitel 5 beschrieben, existiert dieser Carbon lock-in Effekt im Amazonasgebiet, welcher aufgrund mehrerer theoretischer Merkmale charakterisiert wurde. Diese Merkmale wurden jeweils mit praxisnahen Bezügen aus dem Amazonasgebiet unterlegt. Zudem besteht ein sehr unzureichender Entwicklungsstand beim Ausbau der analysierten, alternativen Energietechnologien im Amazonasgebiet.

In der Nutzung der Windenergie ist im untersuchten Gebiet, vor allem im küstennahen Bereich, ein großes Potential zu sehen, da diese Energieform auch ökonomisch bereits auf einem konkurrenzfähigen Stand zur Erdölverwendung ist. Für Photovoltaik ist die Einschätzung etwas negativer zu fassen. Im Wesentlichen stehen die derzeitig noch immer recht hohen Stromgestehungskosten im Vergleich mit Diesel bzw. der Windenergie der Betrachtung als echte Alternative entgegen.

Neben den näher beschriebenen Möglichkeiten der erneuerbaren Energien bestehen weitere Alternativen. Beispielsweise durch die regenerativen Energiequellen der meist kleinen Wasserkraftwerke oder der Biomasse[123], welche zum Teil vor Ort bereits genutzt werden und wodurch in dieser Region möglicherweise weitere Potentiale erschlossen werden könnten. Weiterhin ist die Möglichkeit der Offshore- Windenergie vor der Küste von Marajó zu prüfen. Diese waren jedoch nicht Gegenstand der Betrachtungen.

Im Hinblick auf eine erhöhte Energiesicherheit in der Region durch die vorliegenden Alternativen wird nur unzureichend eingegangen. Jedoch ist der derzeitige Stand der Stromausfälle sehr hoch[124], sodass im Zuge einer Weiterentwicklung und einer verstärkten Investitionstätigkeit in die Energiesysteme mit einer verbesserten Situation zu rechnen ist. Hierbei bedarf es noch weiterer intensiver Betrachtungen, ob beispielsweise auch die

---

[123] Vgl. Goldemberg et al. 2004, S.1142: "Als großes, tropisches Land hat Brasilien ein großes Potential bei der Biomasse-Nutzung. Neben dem traditionellen Verbrennen von Holz, was rückläufig ist, sind die modernen Quellen Zuckerrohr-Produkte (Ethanol-Kraftstoff und Bagasse für Kraft-Wärme-Kopplung) und Holz durch Aufforstung."

[124] Vgl. Weinsziehr 2011, S.25: „Während im Durchschnitt die Dauer eines Ausfalles in Brasilien etwa 18 Stunden beträgt, sind es im Norden etwa 35 Stunden, wo 50% der Konsumenten den isolierten Systemen angeschlossen sind. Der nationale Durchschnitt eines Ausfalles beträgt etwa 15 Mal pro Jahr, im Norden sind es etwa 40 Mal pro Jahr.“

„komplementäre Eigenschaft zwischen Wind- und Wasserregimen"[125] eine ausreichende Sicherheit der Energieversorgung für die Bevölkerung gewährleisten kann. Oder ob es Möglichkeiten für moderne Speichertechnologien sowie Effizienzsteigerungen in der Region Marajó gibt. Und in der Folge eine Energiekrise wie zuletzt im Jahre 2001, welche vorrangig auf geringe Niederschläge, fehlende Investitionen und höhere Stromverbräuche zurückzuführen ist[126], unter den neuen Gegebenheiten zukünftig vermieden werden kann.

In Zukunft ist anstatt des Eigenverbrauchs, welcher sicher auch den reichhaltigen Vorkommen unter dem Atlantik vor der brasilianischen Küste geschuldet ist, ein Export dieser Erdölvorkommen, bei weltweit steigenden Erdölpreisen, als volkswirtschaftlich sinnvoller und effizienter einzuschätzen.[127]

Derweil hofft man in Brasilien, innerhalb der nächsten zwei Dekaden die Rentabilität der Photovoltaik herzustellen.[128] Bei der Dynamik der Entwicklung spielt sicher auch der Erfolg bei der sogenannten „Energiewende" in Deutschland eine Rolle, da dieser massive Umbau des Energiesystems in einem hoch industrialisierten Land als Vorreiterrolle gilt. Die erfolgreiche Umstrukturierung kann der Beginn eines weltweiten Umdenkens zugunsten erneuerbarer, nachhaltiger Energiepolitik sein.

Abschließend ist festzuhalten, dass hinsichtlich der Kostenentwicklung für nahezu alle regenerativen Energieträger bis 2030 die Chance besteht, im Vergleich zum heutigen Kostenniveau fossiler Energieträger, auf einem konkurrenzfähigen Stand[129] zu sein, dabei schneiden insbesondere „Windenergieanlagen an Land (onshore) und Photovoltaik […] am besten ab."[130]

[125] Vgl. Helmke 2009, S.128
[126] Vgl. Ebd., S.115f.
[127] Vgl. Assmann 2004: „[…] Brasilien [verfügt] nach Venezuela über die zweitgrößten Ölvorkommen Südamerikas […]. Zu über 72 Prozent ist Brasilien Öl-autark und immer noch zu 62 Prozent Erdgas-autark. Bei den heutigen Produktionszahlen und den bekannten Reserven würde das Öl noch 144 Jahre (Welt: ca. 40 Jahre) und das Erdgas sogar noch knapp 400 Jahre (Welt: etwas mehr als 60 Jahre) reichen."
[128] Vgl. Specht 2012, journalistischer Beitrag
[129] siehe Abb.7 im Anhang
[130] Vgl. Liptow 2011, S.8

# Anhang

## A. Anhang

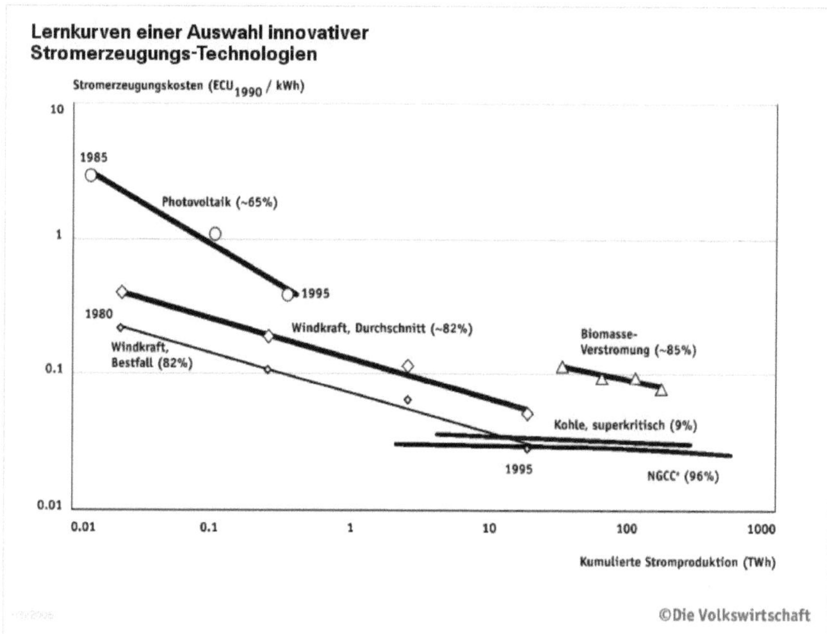


**Abbildung 7: spezifische Lernkurven**[131]

[131] Madlener 2006

# B. Anhang

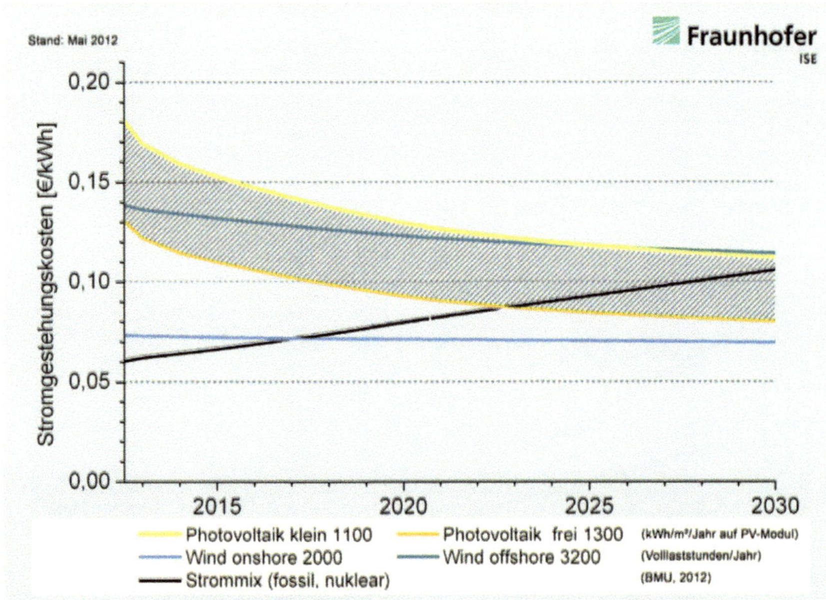


**Abbildung 8: Vergleich Stromgestehungskosten in Deutschland, Prognose**[132]

[132] Kost et al. 2012, S.18

## C. Anhang

(6)

$$LCOE = \frac{I_0 + \sum_{t=1}^{n} \frac{A_t}{(1+i)^t}}{\sum_{t=1}^{n} \frac{M_{el}}{(1+i)^t}}$$

| | |
|---|---|
| LCOE | Stromgestehungskosten in Euro/kWh |
| $I_0$ | Investitionsausgaben in Euro |
| $A_t$ | Jährliche Gesamtkosten in Euro im Jahr t |
| $M_{el}$ | Produzierte Strommenge im jeweiligen Jahr in kWh |
| i | realer kalkulatorischer Zinssatz in % |
| n | wirtschaftliche Nutzungsdauer in Jahren |
| t | Jahr der Nutzungsperiode (1, 2, ...n) |

**Abbildung 9: Formel zur Berechnung von Stromgestehungskosten**[133]

[133] Kost et al. 2012, S.8

## Literaturverzeichnis

ABE Eólica, 2012: *Atualização do Atlas Eólico Brasileiro pode ficar só na promessa*, 06.08.2012. Online verfügbar unter http://www.abeeolica.org.br/site/zpublisher/materias/Noticias.asp?id=19862, zuletzt geprüft am 07.09.2012.

Amarante, O. A. C. D.; Zack, M. B. E. J.; Sa, A. L. de, 2001: *Atlas do potencial eólico brasileiro*. Online verfügbar unter http://www.cresesb.cepel.br/publicacoes/download/atlas_eolico/Atlas%20do%20Potencial%20Eolico%20Brasileiro.pdf, zuletzt geprüft am 06.09.2012.

Assmann, Dirk, 2004: *Schwerfälliger Riese. Die Energiewirtschaft Brasiliens*. Online verfügbar unter http://www.ila-bonn.de/artikel/273energiebrasilien.htm, zuletzt geprüft am 15.08.2012.

Auswärtiges Amt, 2012a: *Brasilien: Wirtschaftliche Lage*. Online verfügbar unter http://auswaertiges-amt.de/DE/Aussenpolitik /Laender/Laenderinfos/Brasilien/Wirtschaft_node.html, zuletzt geprüft am 31.08.2012.

Auswärtiges Amt, 2012b: *Brasilien: Reise- und Sicherheitshinweise*. Online verfügbar unter http://www.auswaertiges-amt.de/DE/Laenderinformationen/00-SiHi/BrasilienSicherheit.html, zuletzt geprüft am 31.08.2012.

Bacellar, A. A.; Rocha, B. R. P.: *Wood-fuel biomass from the Madeira River: A sustainable option for electricity production in the Amazon region*. In: *Energy Policy 38* (2010), S. 5004–5012.

Bazilian, M.; Onyeji, I.: *Fossil fuel subsidy removal and inadequate public power supply: Implications for businesses*. In: *Energy Policy 45*, (2012), S. 1–5.

Brown, M. A.; Chandler, J.; Lapsa M. V.; Sovacool, B. K., 2007: *Carbon Lock-In: Barriers To Deploying Climate Change Mitigation Technologies*. Online verfügbar unter http://www.ornl.gov/sci/eere/PDFs/ORNLTM-2007-124_rev200801.pdf, zuletzt geprüft am 21.08.2012.

Carley, Sanya: *Historical analysis of U.S. electricity markets: Reassessing carbon lock-in*: *Energy Policy 39* (2011), S. 720–732.

Eletrobrás, 2012: Online verfügbar unter http://www.eletrobras.com/elb/data/Pages/ LUMIS482AEFCFPTBRIE.htm, zuletzt geprüft am 03.09.2012.

Europäische Kommission, 2012: *Funkanlagen und Telekommunikationsendeinrichtungen: Incompatible mobile phone chargers: an unnecessary waste of resources*. Online verfügbar unter http://ec.europa.eu/enterprise/sectors/rtte/chargers/be-green/index_de.htm, zuletzt geprüft am 31.08.2012.

Global Wind Energy Council, 2012: *Brazil*. Online verfügbar unter http://gwec.net/index.php?id=118&L=0%B4%3F80flag%3D, zuletzt geprüft am 07.08.2012.

Goldemberg, J., Coelho, S. T.; Lucon, O.: *How adequate policies can push renewables*. In: *Energy Policy 32* (2004), Nr. 9, S. 1141–1146.

Goldemberg, J.; La Rovere, E. L.; Coelho, S. T.; Simões, A. F.; Guardabassi, P.; Miranda, F. M., 2005: *Renewable Energy Technologies to improve Energy Access in Brazil*. Online verfügbar unter http://www.gnesd.org/Downloadables/RETs/CENBIO-COPPE%20RETs%20final%20version.pdf, zuletzt geprüft am 07.08.2012.

Goldemberg, José: *The promise of clean energy*. In: *Energy Policy 34* (2006), Nr. 15, S. 2185–2190.

Gomez, Maria F.; Silveira, Semida: *Rural electrification of the Brazilian Amazon - Achievements and lessons*. In: *Energy Policy 38* (2010), Nr. 10, S. 6251–6260.

Helmke, Arnd C.: *Windenergie in Südamerika. Darstellung und Analyse ökonomischer Einflussgrößen in Argentinien, Brasilien und Chile. (Entscheidungs- und Organisationstheorie)*. 1.Auflage. Wiesbaden: Gabler, 2009.

Kaltschmitt, Martin; Streicher, Wolfgang; Wiese, Andreas: *Erneuerbare Energien. Systemtechnik, Wirtschaftlichkeit, Umweltaspekte*. 4.Auflage. Berlin, Heidelberg, New York: Springer, 2006.

Kissel, Johannes, 2008: *Adaptation von Stromeinspeisegesetzgebungen (Feed-In Laws) an die Rahmenbedingungen in Schwellenländern am Beispiel Brasiliens*. Online verfügbar unter http://www.reiner-lemoine-stiftung.de/public/publikation/Dissertation%20-%20Johannes%20Kissel%20(12.07.2008).pdf, zuletzt geprüft am 07.08.2012.

Konstantin, Panos: *Praxisbuch Energiewirtschaft. Energieumwandlung, -transport und -beschaffung im liberalisierten Markt*. 2.Auflage. Berlin [u.a.]: Springer, 2009.

Kost, C.; Schlegl, T.; Thomsen, J.; Nold, S.; Mayer, J., 2012: *Studie Stromgestehungskosten Erneuerbare Energien*. Online verfügbar unter http://www.ise.fraunhofer.de/de/veroeffentlichungen/veroeffentlichungen-pdf-dateien/studien-und-konzeptpapiere/aktuelle-fakten-zur-photovoltaik-in-deutschland.pdf, zuletzt geprüft am 07.08.2012.

Liptow, Holger, 2011: *Kostenentwicklung Regenerativer Energietechnologien zur Stromerzeugung*. Online verfügbar unter http://www2.gtz.de/dokumente/bib-2011/giz2011-0318de-kostenentwicklung-stromerzeugung-kurz.pdf, zuletzt geprüft am 08.09.2012.

Madlener, Reinhard, 2006: *Diffusion innovativer Energietechnologien aus der Sicht der Ökonomie*. Online verfügbar unter http://www.dievolkswirtschaft.ch/editions/200603/Madlener.html, zuletzt geprüft am 07.08.2012.

Müller, S.; Brown, A.; Ölz, S., 2011: *Renewable Energy. Policy Considerations For Deploying Renewables*. Online verfügbar unter http://www.iea.org/papers/2011/Renew_Policies.pdf, zuletzt geprüft am 14.08.2012.

n-tv Nachrichtenfernsehen GmbH, 2012: *EUR/USD SPOT*. Online verfügbar unter http://kursdaten.teleboerse.de/teleboerse/kurse_einzelkurs_uebersicht.htn?i=2079559, zuletzt geprüft am 04.09.2012.

Pereira, M. G.; Camacho, C. F.; Freitas, M. A. V.; da Silva, N. F.: *The renewable energy market in Brazil: Current status and potential*. In: *Renewable and Sustainable Energy Reviews 16* (2012), Nr. 6, S. 3786–3802.

Petrobras, 2012a: *Governance: Capital Ownership*. Online verfügbar unter http://www.investidorpetrobras.com.br/en/governance/capital-ownership/, zuletzt geprüft am 31.08.2012.

Petrobras, 2012b: *Profile: An integrated energy company*. Online verfügbar unter http://www.petrobras.com.br/en/about-us/profile/, zuletzt geprüft am 31.08.2012.

Porzelt, Stefanie, 2012: *Recycling von Elektrogeräten-Analyse und Bewertung von bestehenden Verfahren - Teil A: Schmelztechnische- & Pyrolyse- Verfahren*. Online verfügbar unter http://wiki.zimt.uni-siegen.de/fertigungsautomatisierung/index.php/Recycling_von_Elektroger%C3%A4ten-

Analyse_und_Bewertung_von_bestehenden_Verfahren_-_Teil_A:_Schmelztechnische-_%26_Pyrolyse-_Verfahren, zuletzt geprüft am 31.08.2012.

Ribbeck, Eckhart, 2008: *Human Development Index (HDI).* Index menschlicher Entwicklung nach ausgewählten Ländern, 17.09.2008. Online verfügbar unter http://www.bpb.de/gesellschaft/staedte/megastaedte/64733/hdi, zuletzt geprüft am 31.08.2012.

Secretaria de estado de integracao regional, 2012: Online verfügbar unter www.seir.pa.gov.br/?q=node/728, zuletzt geprüft am 07.08.2012.

Specht, Frank, 2012: *Mit deutscher Hilfe zur „Green Economy".* Online verfügbar unter www.handelsblatt.com/unternehmen/industrie/brasilien-hoehe-loehne-verhindern-eigene-solarhersteller/6700982-3.html, zuletzt geprüft am 07.08.2012.

The World Bank, 2012: *Brazil.* Online verfügbar unter http://data.worldbank.org/country/brazil, zuletzt geprüft am 31.08.2012.

Transparency International, 2012: *CORRUPTION PERCEPTIONS INDEX 2011.* Online verfügbar unter http://cpi.transparency.org/cpi2011/results/, zuletzt geprüft am 31.08.2012.

Unruh, Gregory C.: *Escaping Carbon lock-in.* In: *Energy Policy 30* (2002), Nr. 4, S. 317–325.

Unruh, Gregory C.: *Understanding carbon lock-in.* In: *Energy Policy 28* (2000), Nr. 12, S. 817–830.

Unruh, Gregory C.; Carrillo-Hermosilla, Javier: *Globalizing carbon lock-in.* In: *Energy Policy 34* (2006), Nr. 10, S. 1185–1197.

Vieira, Daniel, 2011: *Policies to Encourage the Sustainable Development of Brazilian Electricity System with Distributed Generation.* Dissertation. Online verfügbar unter http://www.aneel.gov.br/biblioteca/trabalhos/trabalhos/Disserta%C3%A7%C3%A3o_Daniel_Vieira.pdf, zuletzt geprüft am 07.08.2012.

Weinsziehr, Theresa-Maria, 2011: *Possibilities and Limitations for the Use of the Acai Berry Seed as a Biomass Fuel The Case of the Marajo Region in Brazil.* Diplomarbeit.

Werle, Raymund, 2007: *Pfadabhängigkeit.* Online verfügbar unter http://www.mpifg.de/people/we/links/werle_pfadabhaengigkeit.pdf, zuletzt geprüft am 07.08.2012.